万物皆元素

宇宙元素奇观

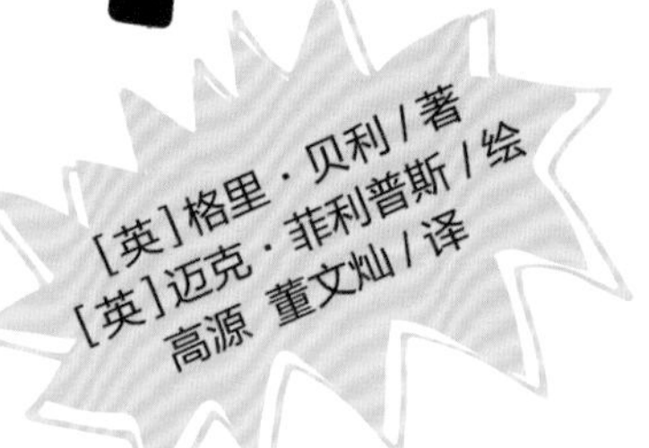

北京日报出版社

目录

简介

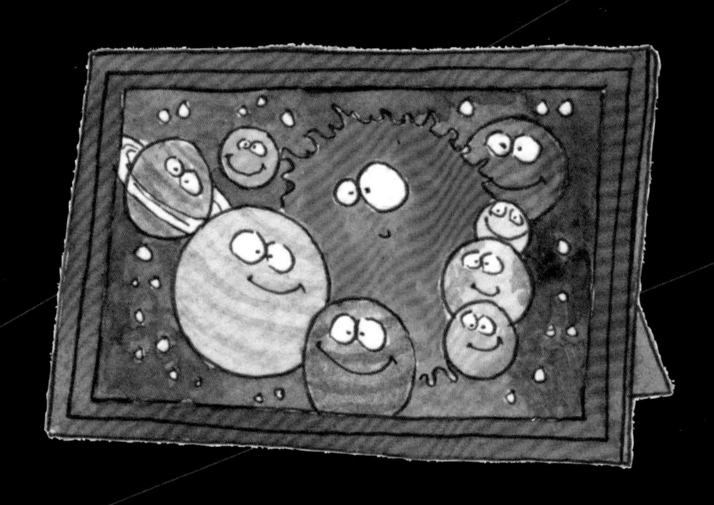

宇宙是浩瀚无垠的。事实上，宇宙大得远远超出我们的想象。那么，在如此广袤的宇宙中，都有什么呢？所有我们能看到的物体都属于宇宙的一部分——有些非常庞大，有些则非常微小；同时也包括很多我们肉眼看不到的东西。

我们能观察到很多行星、行星的卫星，以及数以亿计的星系。它们全部由原子构成。的确，原子作为最小的微粒，结合在一起形成了宇宙。当然，我们人体也是一样的，我们也是由原子组成的。

那么这些构成宇宙的“物质”，都是从哪里来的呢？它们的产生都是由一个微小的叫作奇点的小点的膨胀开始的。奇点在快速膨胀的过程中产生了无比巨大的能量。科学家把奇点膨胀称为宇宙大爆炸，它引发了后续一系列的事件，把我们带到了现在……

现在请继续读下去，找出更多这些组成宇宙的元素的神奇之处。

很久以前……

确切地说是137亿年前（就是13，700，000，000年前哦），一个事件引发了宇宙的开端。宇宙中存在着所有我们已知的恒星、行星以及星系，还有很多我们未知的物体。因为这一事件影响巨大并且极为重要，科学家们把它称为宇宙大爆炸。

宇宙的起源

根据大多数科学家的观点，宇宙起初只是一个很微小很微小的小点，这个小点被称为奇点。它蕴含着后来形成宇宙的所有能量。宇宙是指所有的星系还有其他各种类别的物体，包括我们人类，同时也包括天体与天体间的全部太空。

当宇宙大爆炸发生时，绝非“砰”的一声巨响那么简单，甚至可以说和任何爆炸都不一样。它更像一个在极短时间内吹起来，并且以超级快的速度膨胀的气球。

奇点

在不到1分钟，确切地说也就是短短的几秒内，宇宙由一个奇点不断膨胀，横跨数十亿千米。

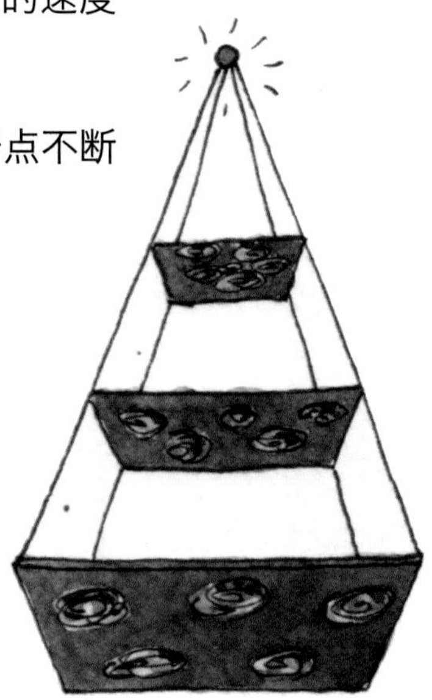

现在，宇宙还在不断地膨胀。

在几微秒分之一的时间里——

在不到1分钟内，宇宙中产生了最初的微粒——小到肉眼完全看不见的质子和中子，它们加入无限高速的散播中，散播直径达数十亿千米。

质子、中子，以及减速了的电子开始结合形成最初的原子，主要是氢和氦，它们是宇宙中最常见的元素。又160万年后，恒星出现。

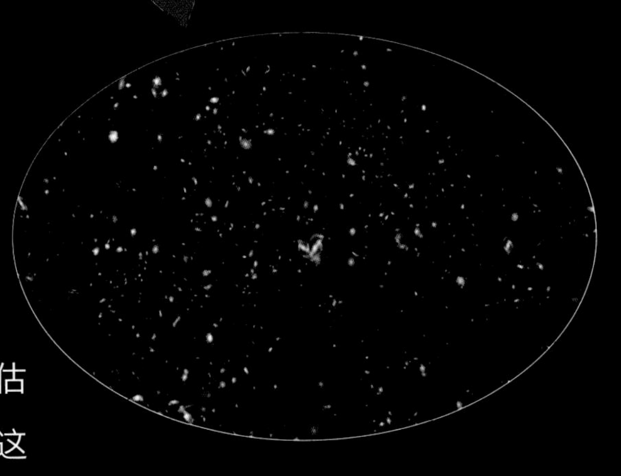

137亿年以后，或者说现在——

星系继续形成——根据科学家估计，大约有上千亿个星系。宇宙就这样被填满了。

宇宙大爆炸

“宇宙大爆炸”这个名字是由一个叫弗雷德·霍伊尔的英国天文学家提出的。弗雷德·霍伊尔就职于英格兰的剑桥大学。尽管他发明了这个词，可实际上他并不相信宇宙大爆炸这个理论。

其实这是其他人的观点。

乔治·勒梅特

1927年，“宇宙大爆炸”的宇宙起源说被首次提出，提出者是一位叫乔治·勒梅特的比利时人，他是一位牧师和学者。他才是提出宇宙是从最初的一个点开始膨胀的理论的那个人。宇宙是从一个超级微小又极其密集和热的小颗粒开始的。他把这个小颗粒称为“原始原子”或者“宇宙蛋”。接着他又提出了一个观点，认为宇宙从那个时候起到现在一直带着它所拥有的所有星系在不停地膨胀。

勒梅特的科学家同行们并不认同宇宙大爆炸的观点。所以，如果没有另一位叫埃德温·哈勃的天文学家，这位比利时人的观点就会被搁置一边而止步不前了。

埃德温·哈勃

两年后，也就是1929年，一位美国天文学家——埃德温·哈勃，有了一个吸引人的发现，这也证明了乔治·勒梅特的观点是正确的。哈勃在威尔逊山天文台用大型胡克望远镜观测后，终于看到了那些离我们所在的银河系距离很远的星系。

更远且更快

哈勃在绘制天体图时，比对了那些距离我们十分遥远的星系在几个星期内的移动方式，发现它们正在离我们越来越远。

他还观测到，星系移动得离我们越远，它们运动的速度就越快。这不禁使他思考，如果它们在向远处移动，它们一定是在远离什么——也许是它们开始运动的那个点。

他断定在一个非常遥远的时间点，星系是紧密地聚合在一起的。某个事件的发生——也许是勒梅特的奇点膨胀——促使了这些星系的分离，并使它们移动起来，踏上了不断扩张的旅程。

哈勃的发现支持了乔治·勒梅特宇宙大爆炸的观点和宇宙膨胀理论。

非凡的一刻

令人难以置信的是，科学家们已经弄明白了宇宙大爆炸后的第一个瞬间发生了什么。

很显然，当时宇宙的温度要比现在高亿万摄氏度。它的密度也很大，因为有很多被称为物质的东西填满了宇宙空间。不管怎样，在这之后，随着宇宙的冷却，它的条件正好适合某些特定物质的出现，如今科学家们所了解的物质就在宇宙当中。

物质出现了

我们理解为是组成物质的元素的东西出现了。从星系到构成我们身体的细胞，任何我们可以从星系中看到的东西都是物质。

而这些物质的出现都发生在宇宙大爆炸的分秒之间。

大约38万年后，第一个原子——微小到肉眼难以看到的物质形成了，甚至它还是由更小的物质组成的。原子主要有氦原子和氢原子两种，而氢气和氦气这两种气体都是宇宙中的要素。直到今天这两种气体仍然是宇宙中含量最丰富的。

于是，在宇宙大爆炸很久之后，出现了原子并形成了气体云。

恒星、行星和星系

又用了160万年的时间，这些气体云才形成了恒星。这是在自身引力的作用下完成的，引力使物体相互吸引。

在恒星的内部，产生了碳、氧和铁元素这些较重的原子。在一些恒星周围，恒星诞生时遗留下来的物质形成了球形的结构。它们逐渐形成了行星和行星的卫星，又被恒星的引力所捕获，围绕着恒星以特定的轨道旋转。

一颗恒星，围绕它转动的所有行星以及行星的卫星，还有其他沿轨道运行的空间碎片，构成了类似我们熟知的太阳系的结构。

许多的恒星相互环绕，并围绕一个核心一起旋转，其中有的恒星还有类似太阳系的结构，这就构成了一个星系。

图中所展示的是仙女座星系，在它的内部有上亿颗恒星，它是我们所在的银河系最近的邻居之一

恒星的生命故事

如果你在一个晴朗的夜晚向天空看去，你会发现很多星星在天空中闪烁。有时候它们看起来似乎有成千上万颗那么多——而事实上也确实如此。

恒星的诞生

在原子形成之后，原子渐渐聚集，形成气体云。气体云中的气体，大部分为氢气，这些气体与尘埃由于引力作用被拉到一起聚合形成尘埃云。

气体云中的氢气由于重力的挤压，温度开始上升直至燃烧起来。氢气作为燃料不断燃烧，使得气体云变得越来越热。达到1000多万度的高温时，即引发了核反应的发生。当核反应发生时，不同原子的中心就会相互碰撞而爆发出能量，我们将这种反应称为核聚变。

来自核聚变的能量转变成一种与它自身引力相抗衡的力。它使气体云，也就是现在的恒星，从坍缩中停止了。也就是说，引力将恒星物质聚集在一起，而核聚变则终止了它们的坍缩。

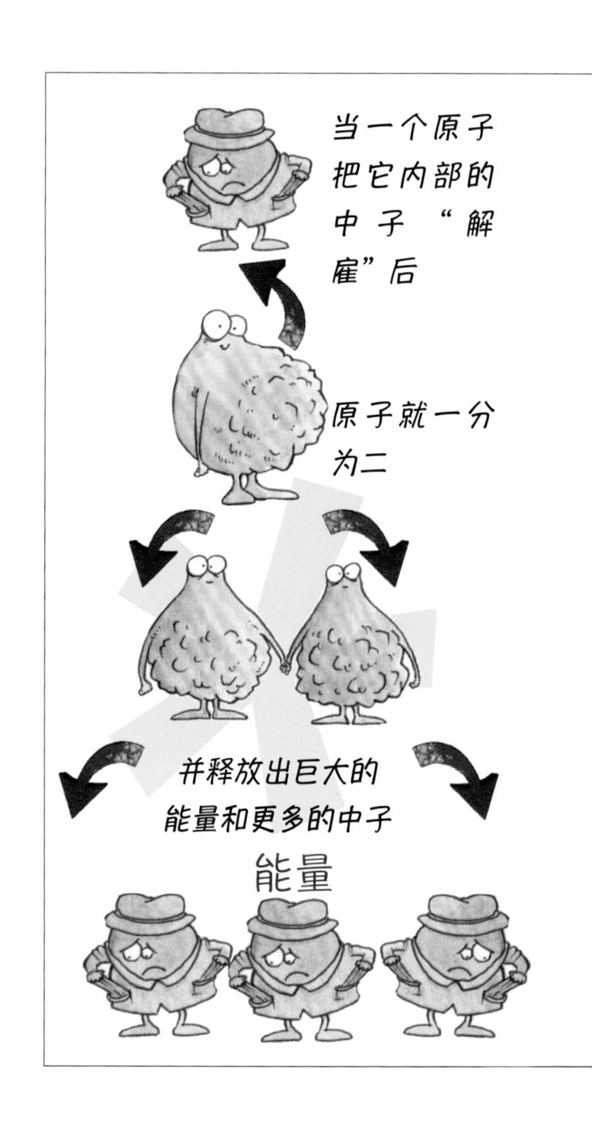

所有的恒星都是这样形成的。

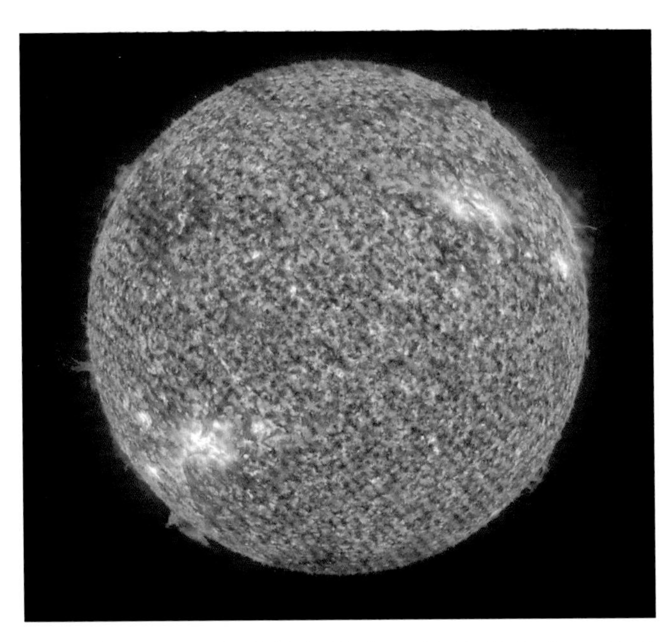

在像太阳这样的恒星中，氢核聚合在一起形成了氦核，能够释放大量的能量，我们将其视为光，并可以感受到来自光的热量

我们的恒星

我们所在的太阳系的恒星，即太阳，主要由氢组成，它的能量来源于氢气持续不断的核聚变反应，将氢聚变成氦。在太阳的核心，每秒钟会燃烧6.2亿吨的氢，一刻不停地进行由氢到氦的转变。

> ### 聚变——裂变
>
> *核聚变能释放能量。当原子相互碰撞时，原子中心，即原子核粘在一起，或者说融合在一起时，就会发生核聚变。*
>
> *核裂变是将一个大的原子分裂成两个或多个更小的原子的过程。当一个原子分裂时，会释放出极其巨大的能量。*
>
> *当能量以缓慢、可控的方式释放出来时，它就可以用来为家庭供电。*
>
> *如果不控制能量的释放，一个链式反应的发生就会引发核爆炸。*

恒星的末日

不过，最终，恒星会用尽自己所有的氢气燃料。现在引力挤压着它的中部及核心，使它越来越紧，并且比以前更加炽热。而恒星的外层则开始膨胀，体积是以前的上百倍。

它演变成了一个红巨星。

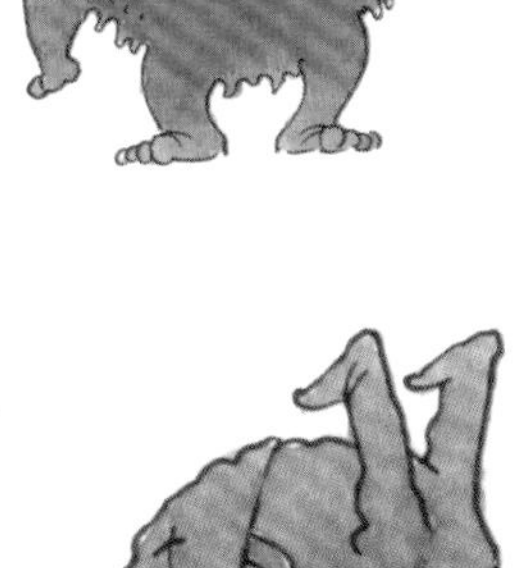

最终，红巨星庞大的外层逐渐剥离进入太空，只留下核心部分。由于没有核反应，这个白矮星，就像现在它的名字一样，成了一个又冷又黑的煤渣。恒星就这样消亡了。

我们的恒星是太阳。你会很高兴地得知，它正处于生命的中期——50亿岁！

恒星组成的星系

星系是由不计其数的恒星组成的。虽然科学家们并不确定它们是如何形成的，但是有几种可能的假说。也许它们是在宇宙大爆炸之后形成的。原子和一些其他物质聚合在一起形成恒星，然后形成了星系团，最后形成了星系。

涡状星系是一个庞大的螺旋星系。它有着非常清晰的旋臂

螺旋星系

恒星在星系中的排列方式赋予了星系形状。我们的恒星——太阳，位于一个螺旋状星系的一支旋臂上，这个星系被称为银河系。螺旋状的旋臂从中心的凸出处伸出来。星系的旋臂围绕它的中心旋转得越快，就越平坦。螺旋星系是由新生恒星和老年恒星组成的。

由于M74的对称性很高，一些天文学家把它称为“完美的旋涡”。人们怀疑它的中心有一个黑洞，其大小相当于1万个太阳

星系团

像所有的事物一样，星系间也有引力作用。它们的引力可以把其他星系拉向它们。这意味着星系通常是在星系团或群中发现的。我们的银河系就在一个星系团里。

薄片星系或者叫刀刃星系，从我们的视角去观察，它的倾角大约有90度。所以在我们看来它就像刀刃，也像薄薄的碎片

一些星系团更大，可以容纳数千个星系，它们被称为超星系团。

波德星系是另一个宏大的螺旋星系，它有两条宽广明亮的旋臂从其核球旋出

南风车星系被归为棒旋星云，因为除了它中部恒星组成的凸起之外，它的中心还有一条棒状的恒星带

NGC1398，一个棒旋星系，在它明亮的中央核心周围有一个稠密的内环。这实际上是两条旋臂紧紧挨在一起的缘故。与它清晰明亮的内环旋臂相比，它的外环旋臂则是不规则的

NGC 2403是一个看起来很模糊的不规则的棒旋星系。它被大量的气体和尘埃所掩盖

有时我们叫它隐藏星系，因为它藏在我们的银河系后面。天文学家们好不容易才看到了它

巴纳德星系由于体积很小而被称为星系中的小矮人

我们的银河系

银河系的体积是太阳的400万倍。它至少包含了1000亿颗行星！在这张照片中，银河系看起来非常密集，但其实还有1000万颗恒星由于发出的光太微弱，而无法被相机捕捉到。

星系群

在我们的宇宙中有数以亿计的星系。它们中的大多数会成群分布，形成一个一个的小群体。我们的银河系和其他30多个星系都在本星系群中。其中三个最大的星系就是仙女座星系、银河系和三角座星系。

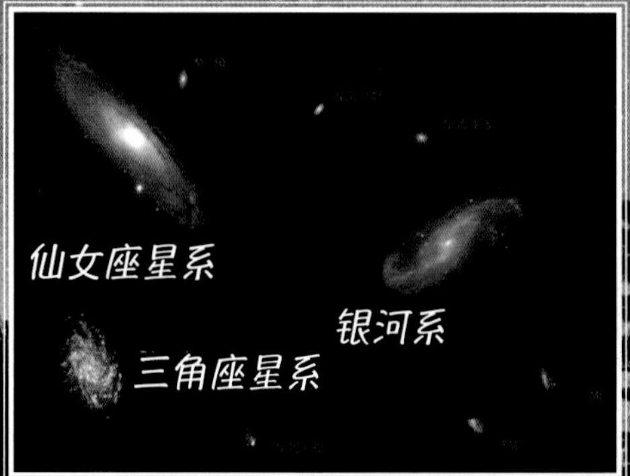

仙女座星系
银河系
三角座星系

美国国家航空航天局的哈勃太空望远镜深入银河系中心，从这个角度来探测，能看到银河系有超过50万颗恒星在环绕着中心的特大质量黑洞旋转

其他美妙的天体

除了恒星、行星和星系外，宇宙中还有其他非常壮观和精妙绝伦的天体。有中子星、星云、类星体和脉冲星，还有神秘的黑洞。

星云

星云实际上就是太空中模糊的碎片，是由气体云和尘埃组成的。星云既可以自己发光，也可以反射邻近恒星发出的光。

星云

中子星

超新星爆炸后留下的是一颗坍缩的中子星。它几乎完全是由一种叫作中子的微小粒子组成的，中子是原子的组成部分。通常中子星的直径只有20千米，这在恒星世界里是很微小的，但它与我们的太阳相比，包含了更多的物质。可以说是相当稠密了。

类星体

最初天文学家认为类星体是遥远的恒星，现在他们明白并非如此。事实上，类星体是位于数十亿光年之外的星系的星系核。类星体中心的超大质量黑洞将周围的气体、尘埃和一部分恒星物质吸入其中，在形成高速旋转的吸积盘的同时，也发出了强烈的光。随着气体向内部移动，它变得越来越热，也就发出更亮的光。与此同时，从吸积盘中央形成的粒子喷流，也在以接近光的速度射向宇宙。

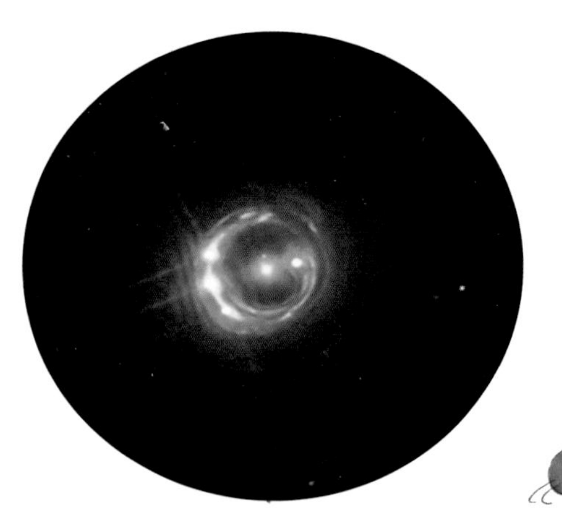

类星体

超新星

超新星

确切地说，超新星是剧烈爆炸后的恒星。这种爆炸是宇宙中最大的爆炸形式之一。它发生在恒星中心区域或内核有变化时。恒星耗尽了核能燃料，核心的物质又重新回到难以支撑自己重量的状态。这样的结果就是恒星以巨大的爆炸来结束自己的一生。

新星

当物质从一颗伴星（恒星经常成对存在）落到另一颗叫作白矮星的老年恒星上时，会引起爆炸，这会使白矮星的亮度显著增强。它的亮度可以增加1万倍，然后又回到原来的亮度。天文学家把这种现象称为新星。

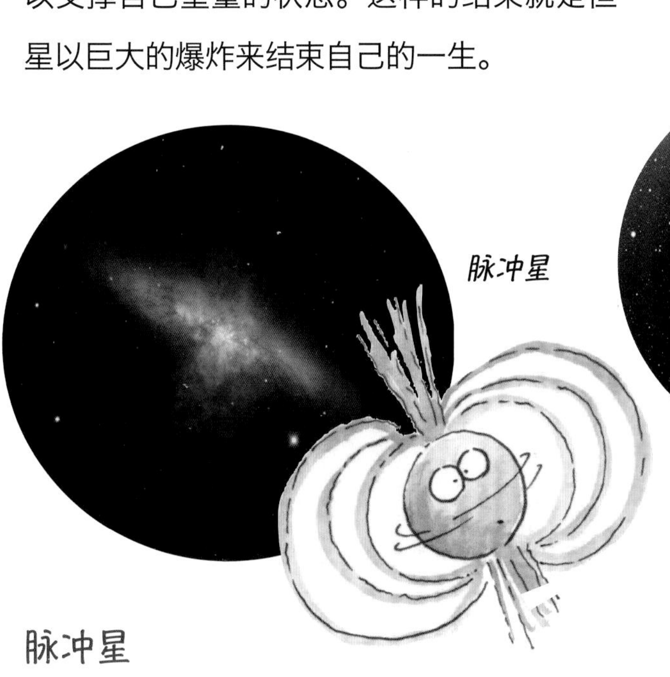
脉冲星

黑洞

脉冲星

脉冲星是中子星的一种，它密度很大。像地球一样，它也会自转——而且自转速度极快。当它自转时会发出脉冲信号，这有点像灯塔发出光束那样。脉冲星具有强大的磁场，这也和地球类似，然而脉冲星磁场的能量比地球强10000亿倍左右。向太空发射脉冲信号的是脉冲星的磁极。

黑洞

黑洞的密度极高。它的引力很强，任何靠近它的物体都无法逃脱，甚至也包括光，这使得我们不可能看到它，也不能给它起名字。黑洞很可能是由巨大的恒星在生命结束时坍缩形成的。在一些星系的中心发现了超大质量的黑洞，其质量相当于数百万颗太阳。

我们是怎么知道这些的呢？

我们又是怎么不停地获取更多宇宙新知识的呢？

观测设备

现代望远镜是如今我们用来研究宇宙的观测设备。这些望远镜中，有一些从遥远的物体上接收光线，而另一些则追踪太空中掠过的热量或彩色光线。它们有些是建造在陆地上的，有些则运行在遥远的太空中。

位于美国新墨西哥的甚大阵射电望远镜

射电望远镜

射电望远镜能够探测宇宙中能量最强，也最容易被人类发现的无线电波。太空中的物体发出无线电波，这些望远镜能够捕获这些信号并将其转化为科学家所需要的信息。

甚大阵射电望远镜（VLA）是世界上最大的望远镜之一。它有27个独立的无线电天线，每个天线都有一所房子那么大。它坐落于美国的新墨西哥州，27个天线排列成一个“Y”字，每列天线在沙漠中横跨21千米。它能收集到近至月亮远至我们所能观测到的宇宙边缘的物体发出的信号。

钱德拉X射线天文台

X射线望远镜

X射线望远镜主要用于研究太阳、恒星和超新星。它能捕捉到波长较短的电磁波。它们在越高海拔上观测的效果会越好——比如在一座非常高的山上，那里的大气更稀薄，要是在地球大气层以外的空间效果就更好了，在那里X射线信号不会被干扰。

反射式太空望远镜

哈勃太空望远镜是最大的反射式太空望远镜——大约相当于一辆大型公共汽车的大小。它运行在距地面600千米的高空。它用红外线和紫外线拍摄了许多壮观的远距星系的照片，其中有些星系离我们有数万亿千米远。

哈勃望远镜观测过恒星的诞生和死亡，也曾观测到有彗星碎片撞击了木星的大气层。

然而，哈勃望远镜即将被有史以来最强大的太空望远镜所取代。

（见第43页）

B 无线电波　微波　红外线　可见光　紫外线　X 射线　伽马射线

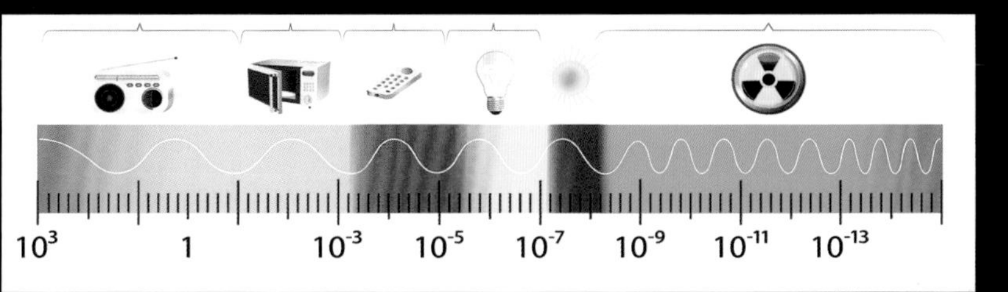

X射线是电磁波谱中的一部分——光在不同空间中以不同的波传播。在空间中，电磁波以肉眼无法识别的微波形式传播。我们能看到的唯一一部分电磁波是标记为“可见光”的部分。

微波望远镜

微波望远镜能记录温度，并生成像宇宙的“婴儿照”这样神奇的图像。

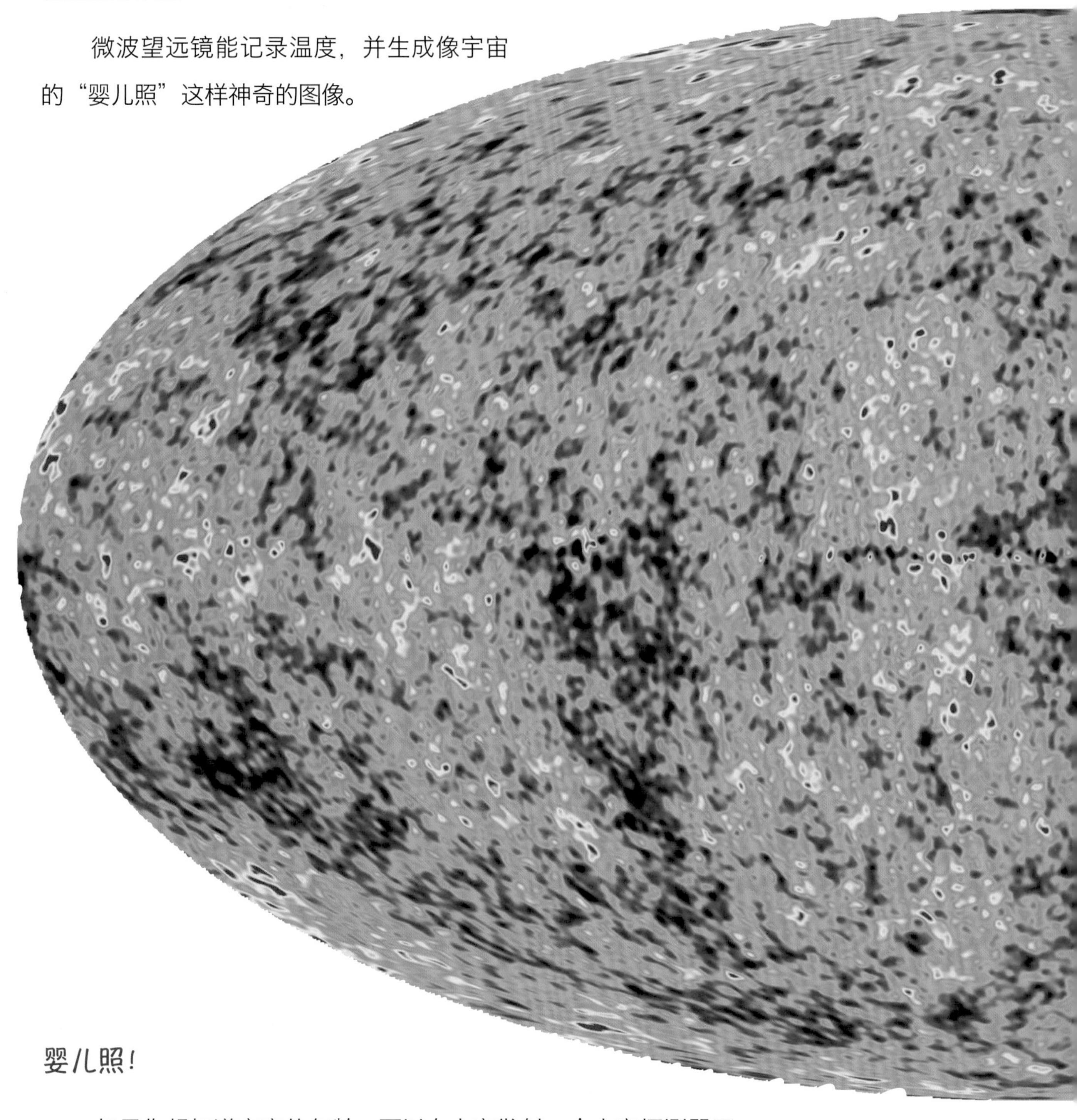

婴儿照！

如果你想知道宇宙的年龄，可以向太空发射一个太空探测器天文台。确切地说，就是威尔金森微波各向异性探测器（WMAP）。这一探测器在距地球150万千米高的位置对太空进行扫描。这幅照片是美国国家航空航天局在2001年拍摄的。

星系的种子

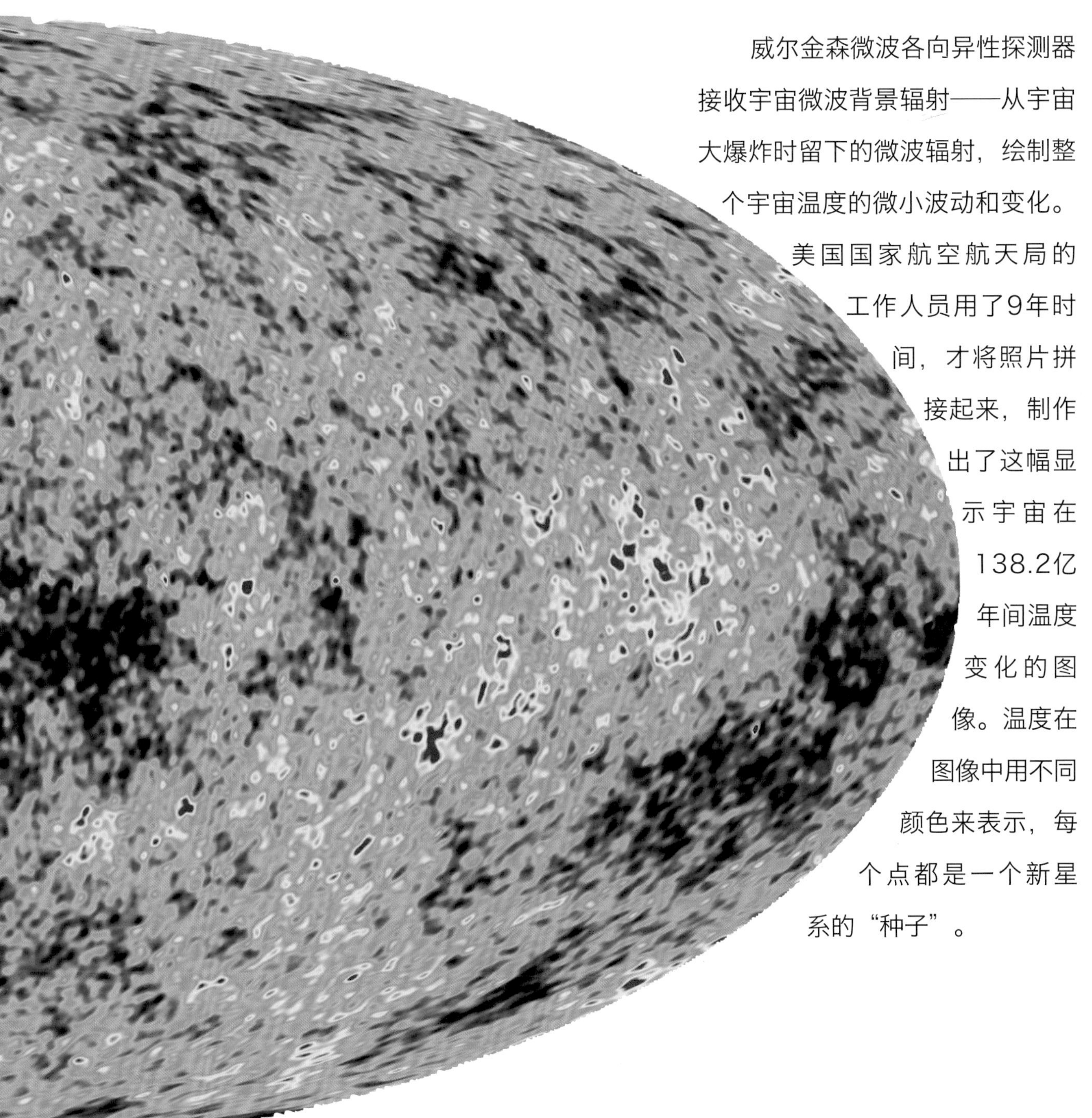

威尔金森微波各向异性探测器接收宇宙微波背景辐射——从宇宙大爆炸时留下的微波辐射，绘制整个宇宙温度的微小波动和变化。美国国家航空航天局的工作人员用了9年时间，才将照片拼接起来，制作出了这幅显示宇宙在138.2亿年间温度变化的图像。温度在图像中用不同颜色来表示，每个点都是一个新星系的“种子”。

威尔金森微波各向异性探测器能够计算出宇宙的年龄。第一批恒星开始发光是在大约140亿年前。

数学的运用

科学家们是怎么知道这些事的？他们怎么知道宇宙起源的时间，以及宇宙大爆炸发生的时间的呢？他们又是如何得知恒星和星系与地球间的距离，以及它们诞生的时间的呢？原来——他们用到了数学！

他们运用数学，从测量光的速度开始着手。

光以难以置信的速度移动。当你驾驶一辆汽车时，你移动得很快——大约每小时100千米。但是光的速度要快得多。它以每秒29.98万千米的速度飞行。

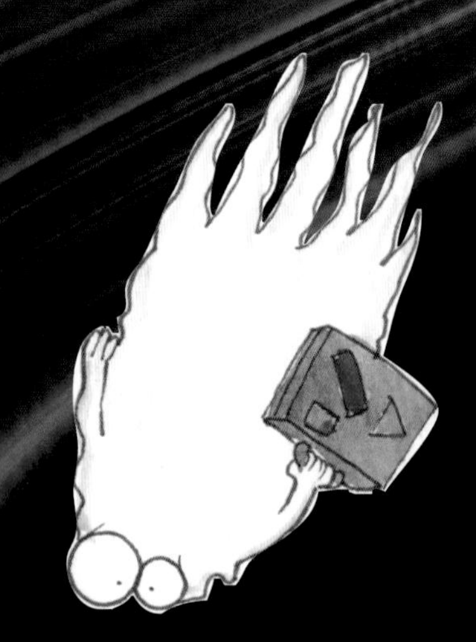

当你打开一盏灯，你能立刻看到光线。那是因为你靠近光源——灯泡。

但是太阳离我们要远得多——大约有1.5亿千米，所以你看到的阳光大约花了8分17秒的时间才到达地球。

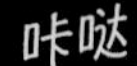

对恒星来说，它们发出的光到达我们这里需要的时间比太阳需要的还要长。

当天文学家使用望远镜观测恒星时，他们会观测到很远距离以外的太空。离我们地球最近的恒星——我们的太阳大约有38000亿千米远！还有数以百万计的恒星比这距离还要遥远！

因此天文学家需要一种既简单又快捷的测量方法，不需要数字中有大量的零。于是他们想到了光年。

观察之前的事物

利用光年，我们可以知道恒星的年龄。例如，如果一颗恒星距离地球是100万光年，那么这意味着它发出的光花了100万年才到达我们这里。所以我们通过望远镜看到的就是这颗恒星100万年前的样子！

光从最遥远的星系传到地球用了130亿年的时间。

一光年就是光在一年内传播的距离，也就是9.46万亿千米。

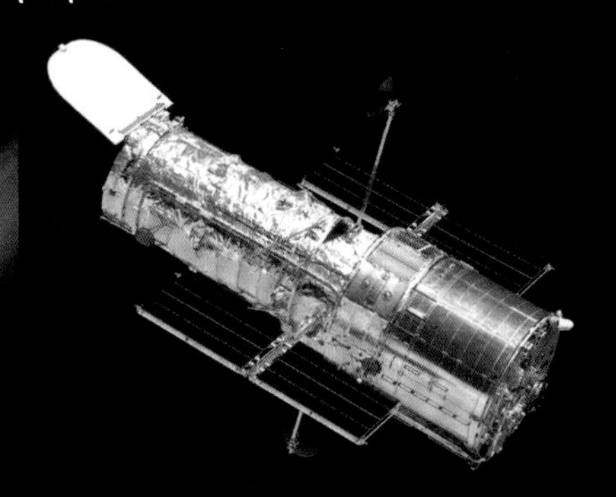

哈勃太空望远镜拍摄的照片显示，星系出现在130亿年前，当时宇宙在4亿到8亿岁之间。

距离越遥远的物体看起来越年轻，这一事实帮助天文学家确定了宇宙的年龄。

我们只能看到宇宙的4.9%

恒星、星系和其他我们前文中提到的内容，都是我们能看到的东西，科学家称之为“普通物质”。

什么是普通物质?

普通物质的质量存在于原子中。每个原子由三种主要的粒子构成：质子、中子和电子。原子的大部分质量由质子和中子构成，它们都“住”在原子核中。

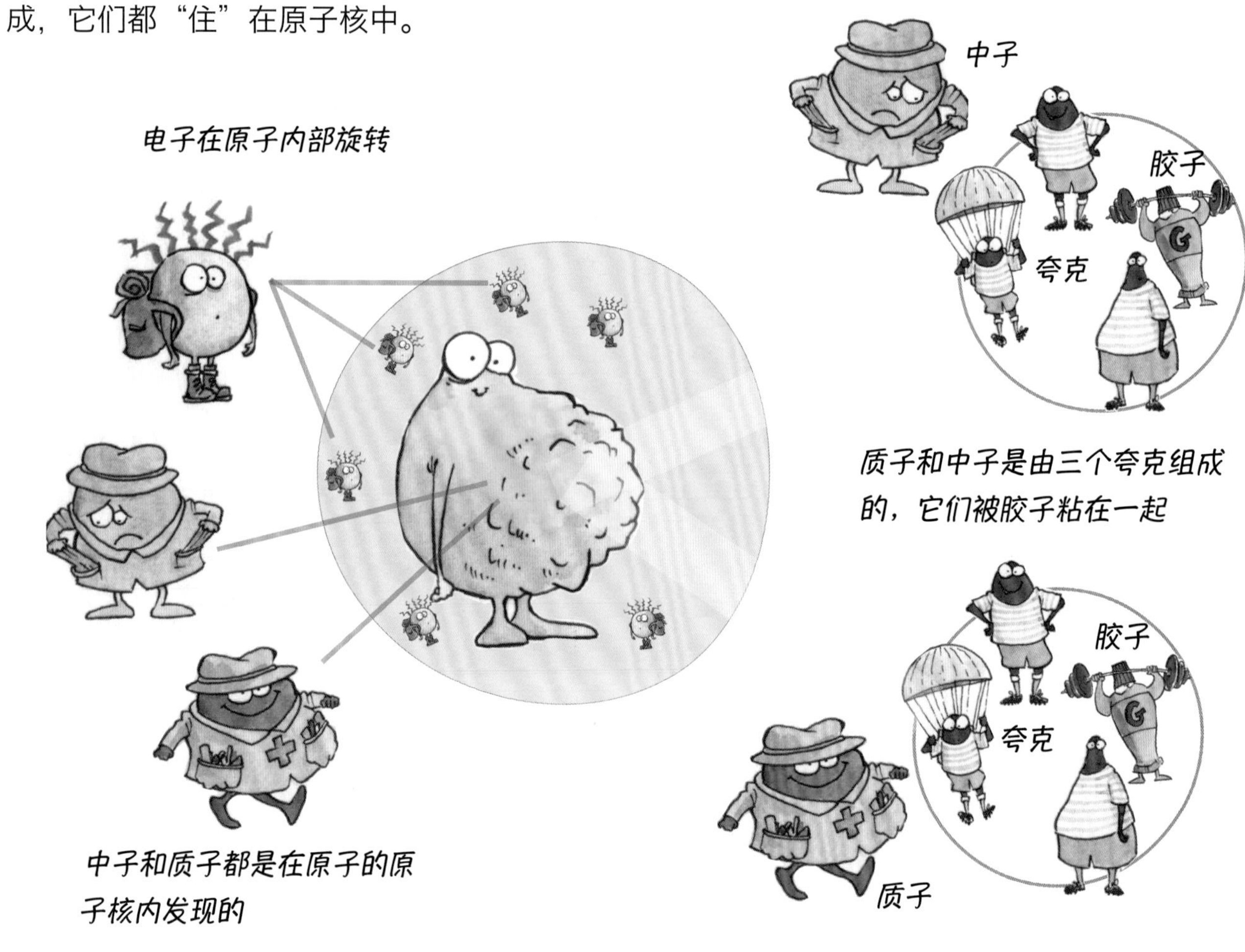

但是，“普通物质”并不是宇宙中唯一的物质。事实上，它仅占其中的4.9%——并不是很多。

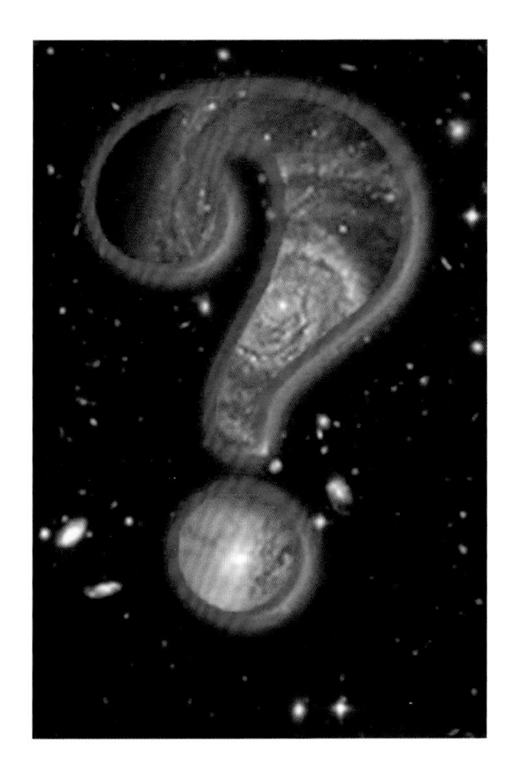

剩下的部分——那95.1%是由我们无法看到的物质组成的，这些物质是隐形的。

不过还是有很多人想要找到它们！

标准模型

早期的科学家们认为世界是由一些基本的自然单元构成的，就像积木那样。他们指的是单一的物体，也就是说，某种不是用更小的东西组成的物体。他们认为原子就是这种自然单元中最小的一种。

但是如今我们知道原子包含原子核和由更小的物质组成的部分——这种更小的物质叫作基本粒子。基本粒子是物质中最小的组成单位，它不能被分成更小的部分。

科学家们一直在寻找新的粒子，并且他们已经成功了。顺便说一下，这些科学家叫粒子物理学家，到目前为止，除了基本粒子外，他们还发现了许多其他种类的粒子。

现在，科学家们已经将所有不同种类的基本粒子进行了归类。根据每种粒子的特点，可以将它们按下一页图所示分类：

* 这种粒子是否会旋转。
* 这种粒子是否带有电荷。
* 这种粒子是否有质量。
* 这种粒子的寿命有多长，或者说它能持续多长时间。

粒子物理学家们提出的这种理论被称为标准模型，这解释了世界的本质，以及是什么将它维系成一个整体的。

基本粒子的标准模型

标准模型是一套描述“粒子大家庭”成员的理论。
它同时也说明了这些粒子是如何相互作用的。

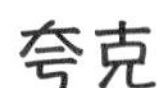

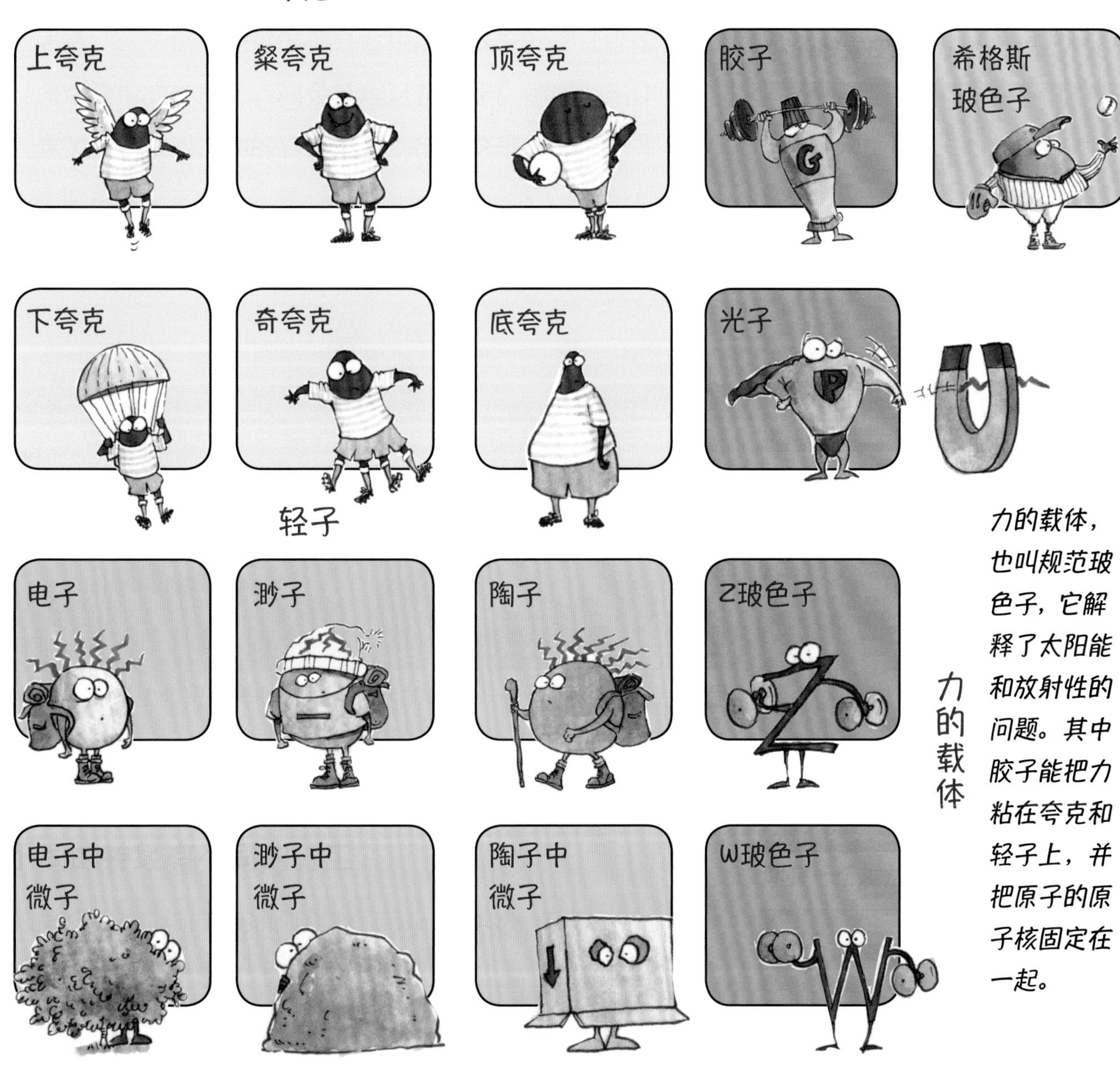

力的载体，也叫规范玻色子，它解释了太阳能和放射性的问题。其中胶子能把力粘在夸克和轻子上，并把原子的原子核固定在一起。

夸克和轻子是两组基本粒子。所有已知的粒子都是由夸克和轻子组合而成的。这些粒子相互作用的方式是让第三组粒子——规范玻色子参与进来。

接下来登场的是
希格斯玻色子——

探寻希格斯玻色子

探寻希格斯玻色子是粒子物理学家进行过的最令人兴奋的探索之一。这一项目耗资数十亿美元，涉及数千名科学家。那么，这些粒子物理学家为什么会感到兴奋呢?

探寻希格斯玻色子

希格斯玻色子是标准模型中最后被发现的一种粒子。多亏了这项重大发现，我们现在才得以解释诸如夸克、轻子、规范玻色子等粒子是如何获取质量的。希格斯玻色子就是它们获得体积、重量，甚至形状的原因。

探寻这一隐藏粒子的科学家发现，任何能给其他粒子质量的粒子，其质量必须是巨大的。除此以外，一旦它与另一个粒子相遇，进行交换或传递质量时，携带巨大质量的粒子就会在不到1纳秒的时间内衰变（和消失）。

所以这并不容易被发现。

在“场”中相遇

所以，没有质量的粒子可以通过与希格斯玻色子相遇来得到一些质量。这两种粒子必须在某处接触，或者碰撞，科学家把这个会面地点称为“隐形场”。后来它被命名为希格斯场，因为彼得·希格斯是这种隐形场的发现者之一。

希格斯场并不是只存在于某处——它无处不在。没有它，世界将不复存在。

科学家认为宇宙大爆炸刚发生时，希格斯场为零。但是随着宇宙的冷却和温度的下降，希格斯场变得越来越大。它是宇宙中无处不在的能量场。

希格斯玻色子是存在于希格斯场中的基本粒子。这种粒子与其他粒子持续不断地在这个能量场中相互作用。当粒子穿过希格斯场时，它们会被“赋予”质量。就像通过糖浆的物体会变慢一样，这些粒子会变重，同时速度也会减缓。

飞溅

希格斯玻色子是粒子与希格斯场之间的碰撞。这有点儿像你跳进游泳池时溅起的水花。碰撞时水花是巨大的，但在一瞬间，一切又都结束了。

那么，这个至关重要的粒子——希格斯玻色子，是在哪里找到的呢？现在对它的探寻停止了吗？

神奇的欧洲核子研究组织

在法国和瑞士交界的一处高山的地下深处，有一个大型的研究基地。这个巨大的实验室在国际上被称为CERN，这来源于它的法语名称，即欧洲核子研究组织。建立欧洲核子研究组织是一项巨大的工程，它旨在找出宇宙是由什么组成的以及它是如何起源的。

一次全球性的探索

在这里，来自21个不同国家的物理学家和工程师正在使用世界上最大且最复杂的科学仪器来研究是什么构成了物质——也组成了宇宙。

科学家们使粒子以接近光速的速度碰撞在一起。通过碰撞，他们可以将粒子反应的过程研究得更透彻。这种碰撞是在一种叫作粒子加速器的仪器中进行的。加速器在粒子相互碰撞之前，先将粒子束带有的能量提升至很高，然后粒子探测器会把碰撞的结果记录下来。

在过去的几年里，欧洲核子研究组织有了一些惊人的发现，包括发现了W玻色子和Z玻色子两种粒子，发现了难以捉摸的希格斯玻色子，以及最近又发现了五夸克粒子——由5个夸克组成的粒子。

亚原子："小"的同义词

虽然原子很小，但原子核比原子还小1万倍。我们把比原子还小的粒子称为亚原子。组成原子核的粒子，即夸克和电子，比原子核还要小至少1万倍。

甚至连科学家都不知道有多小！

欧洲核子研究组织的大型强子对撞机（LHCb），是一套粒子加速器装置，它的环状隧道的周长有27千米。它于2008年开始工作，当时放置了一个质子束环绕隧道旋转。

在大型强子对撞机中，完全能量的质子会以接近光速的速度运动。在27千米的环状隧道内，每一个质子每秒能绕行11000周。

强子对撞机

欧洲核子研究组织中有一系列机器组成的复杂加速装置，能给粒子加速，使其获得极高的能量。这些机器用电磁场使带电的粒子在周长为27千米的环形隧道中运动。

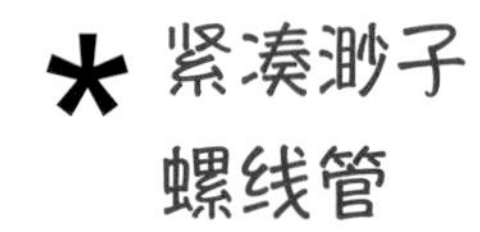

* 紧凑渺子螺线管

科学家使用紧凑渺子螺线管和超环面仪器这两种设备发现了希格斯玻色子。

紧凑渺子螺线管，英文缩写为CMS，它是两种大型粒子物理探测器中的一种。它被用于研究质子间的相互碰撞。它的任务是在空间和时间的维度中搜寻能构成难以捉摸的暗物质的粒子。

大型离子对撞机实验，英文缩写为ALICE，用于研究能产生超高温度和超高能量的碰撞。这种碰撞会产生夸克－胶子等离子体。

夸克－胶子等离子体产生于宇宙大爆炸之后短短的几分之一秒内。在这个等离子体中，夸克和胶子并没有粘在一起。科学家们想要知道更多关于胶子和夸克的信息，以及能将它们约束的强大核心是怎样产生宇宙中的大部分物质的。

* 大型离子对撞机实验

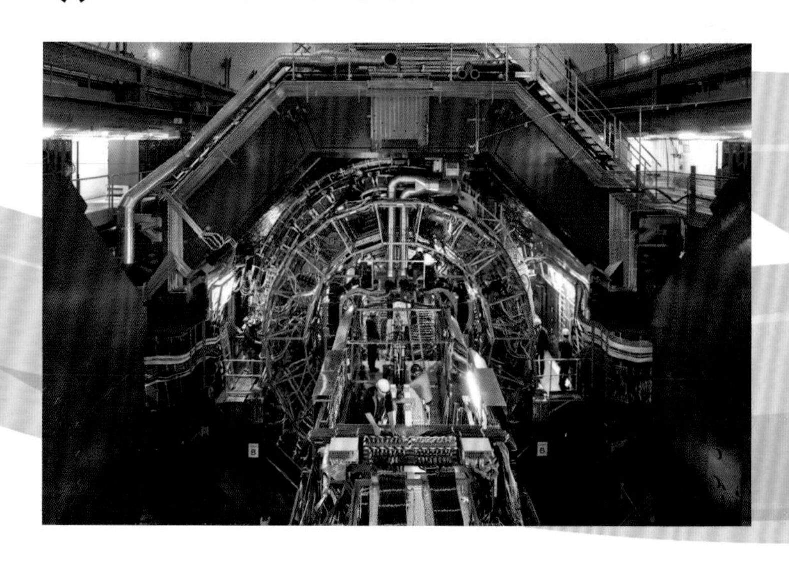

粒子束在相互隔离的管道中朝相反的方向运动。粒子束在由超导体电磁铁形成的强磁场的作用下运动。沿着粒子探测器的圆环，有4个碰撞点，粒子束就在这里发生碰撞。

右侧是大型强子对撞机（LHCb）。这种对撞机专门用来收集B强子的实验数据。B强子是含有底夸克的重粒子。

大型强子对撞机收集到的信息可能有助于解释宇宙中存在的物质比反物质更多的原因。反物质是由反粒子构成的物质，其质量与构成普通物质的粒子相同，但电荷相反。科学家认为应该有等量的物质和反物质，但事实却并非如此，他们想知道这其中的原因。

★ 大型强子对撞机

★ 超环面仪器

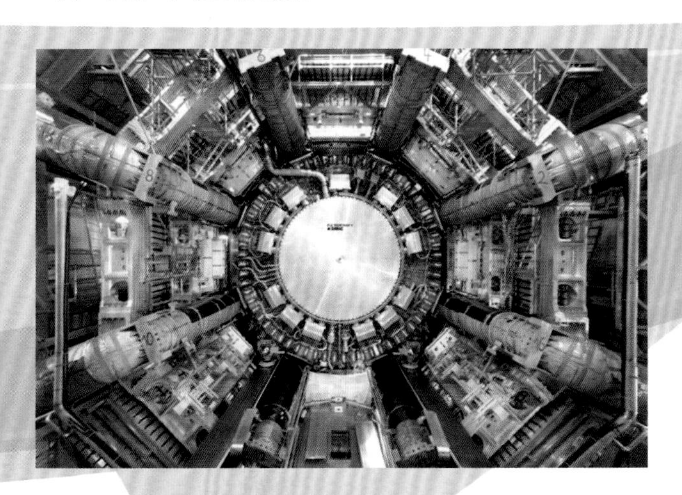

超环面仪器的英文缩写是ATLAS，它是一个环状的大型强子对撞设备，这意味着它是一个相当特殊的粒子探测器。它拥有近3000千米的电缆，来自38个国家的约3000名物理学家参与了这一项目。它的超高能量使它能够观测到那些在之前的低能量加速器中无法观测到的高质量粒子。

隐形的物质

欧洲核子研究组织的研究人员也在努力弄明白是什么推动了宇宙的膨胀。他们已经在我们的宇宙中发现了另外两种物质：一种叫作暗物质——它有引力，但是不会发光，研究人员认为我们的宇宙的26.8%都是由它构成的。

另一种物质是反重力，或者称为暗能量，它构成了宇宙的68.3%。

暗物质

随着望远镜的观测能力变得越来越强，天文学家们已经能将视线深入外太空，看得越来越远了。通过观测他们注意到，星系正在做一些理论上不会发生的事情。

如果有星系以无比快的速度旋转，那么理论上恒星和气体所产生的引力就不再能将它们聚集在一起。通常，任何物体想要旋转得更快都需要一个更强的作用力。当一个星系快速旋转，其中的恒星和气体所产生的引力不足以将其固定在一起时，星系就应该分解，所有的碎片都会进入太空。

星系团也是如此。如果旋转得很快的话，理论上它们现在应该已经分解成碎片了。而事实上它们仍然在一起，这意味着其中一定有某种额外的质量把它们聚集在了一起。

一些神秘的物质在产生一种额外的强大引力，它能把星系中的所有物质聚集在一起。宇宙学家们将这种物质称为“暗物质”。

黑暗和隐形

宇宙学家们从来没有见过暗物质，因为它们不像恒星那样能发出光来。但是他们仍然相信将近27%的宇宙是由暗物质构成的。

物理学家和作家阿兰·莱特曼把暗物质描述为“房间里看不见的大象”——你知道它在那里，因为能看到它在地板上留下的凹痕，但你却不能看到或摸到它。

它到底是什么呢?

事实上，没有人真正知道。科学家们正在努力寻找答案。原子和它的组成部分构成了我们能看到的所有东西，而大多数的宇宙学家认为暗物质不是由原子组成的。相反，它们更有可能是由完全不同的粒子组成的——在宇宙大爆炸后的一瞬间形成的粒子。

中微子和你

我们的太阳会产生中微子，在一秒钟内能产生数十亿之多的中微子——它们穿过外太空到达我们的地球。事实上，在你注意不到的情况下，每秒钟都有数百万的太阳中微子穿过你的身体。

大质量弱相互作用粒子

我们必须把那些完全不同的粒子添加到已经构成标准模型的粒子中。这些粒子可能是大质量弱相互作用粒子，即WIMPS，也可能是一种中微子或者另一种叫作轴子的弱粒子。我们只能等着看新的研究成果了。

不管暗物质是什么，它不仅仅穿过了宇宙，也穿过了我们的身体。

原来我们也是这个故事的一部分，那么是时候竖起耳朵听讲啦!

暗能量

如果宇宙在膨胀，那么一定有什么东西在驱动着它——可能是某种形式的能量。宇宙学家们认为，这种能量是神秘的暗能量，但没有人确切地知道它到底是什么。这是一个有待解决的谜题。

为宇宙供应能量

有些人认为，暗能量是在真空中储存的。所以它有时会被叫作真空能量。不管它是什么，它似乎都在把宇宙分开。暗能量嵌在太空的结构中，它构成了宇宙的很大一部分，科学家认为这一数字接近70%。

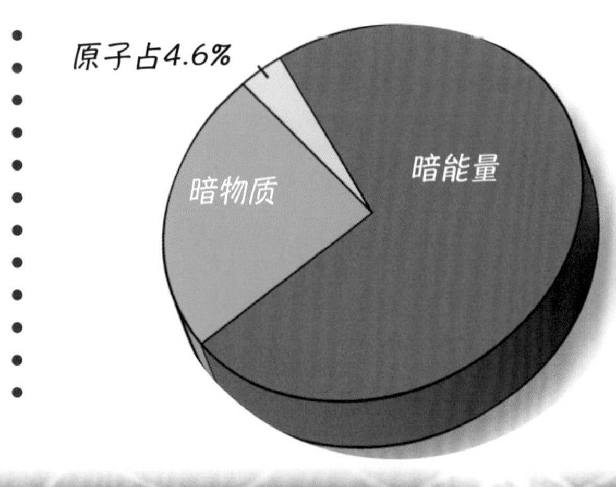

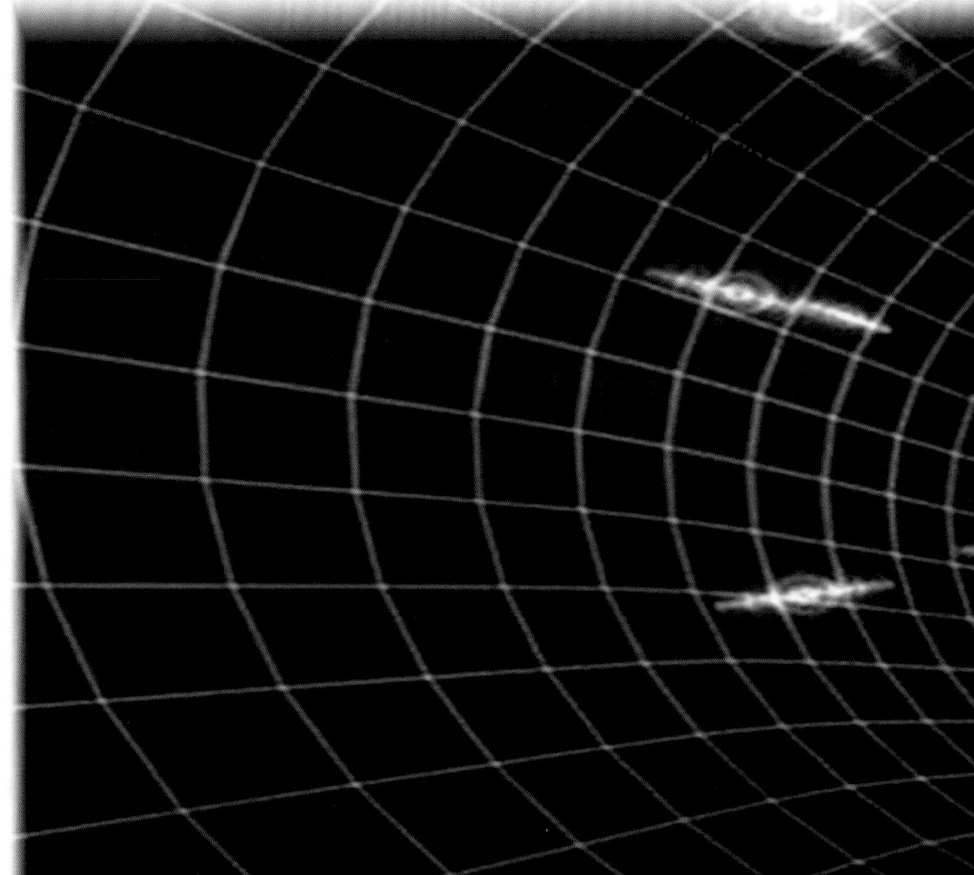

膨胀的宇宙

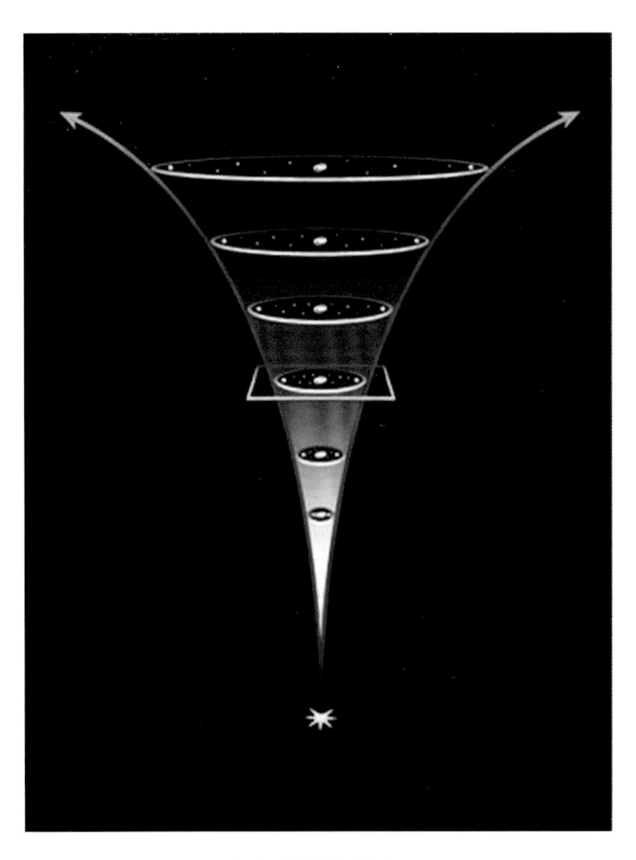

起初，人们认为暗能量只占宇宙的一小部分。但是随着宇宙的膨胀，物质被稀释，或者说是在太空中分散开来。暗能量变得更占主导地位。这种情况持续了数十亿年。

长期以来，宇宙学家们认为宇宙的膨胀速度正在减慢。

五亿到六亿年前，物质间的引力已经减弱到暗能量可以取而代之的地步。在这之后宇宙的膨胀速度就开始加快了。

宇宙膨胀模型

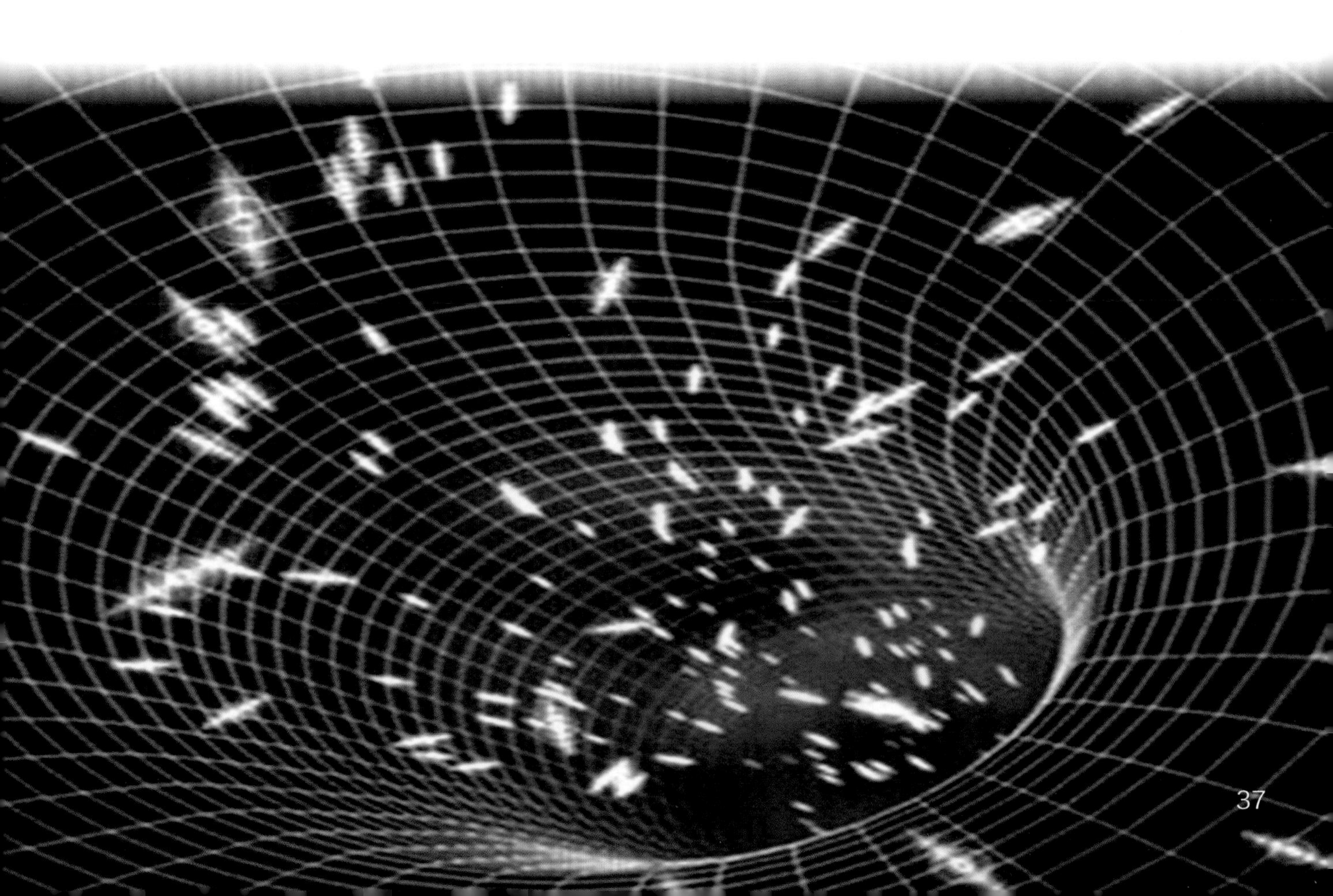

天体粒子物理学家的故事

左侧这个人是雅克·皮纳尔。他对这本书中所述的一切都了如指掌。因为雅克是天体粒子物理学家。这个头衔听起来很复杂，其实就是主要研究基本粒子的专家。标准模型中的粒子，以及它们与构成宇宙的物质的关系，都是他的研究对象。

雅克是怎么对这种工作产生兴趣的？他整天都在做什么？你也能成为天体粒子物理学家吗？

让我们来看一看他的故事。

我一直对研究事物的运行方式感兴趣。当我还是个孩子的时候，飞机深深地吸引了我。我想了解物理学知识在飞机设计中都应用在哪些方面。

并且，随着时间的推移，比起如何设计物品，我对构成物品的材料，以及这些材料的构成更感兴趣。我很好奇是什么构造使它们成为制造某种物品的不二之选。

在我小时候，我的母亲是一个陶工。她做了许多我们家里用的餐具。我开始对在窑中烧制的黏土中发生的化学变化感兴趣。在把柔软的黏土变成坚硬的陶瓷的过程中，发生了什么呢？

这促使我去学习一门与不同材料有关的大学课程。我取得了物理学和化学专业的学位，这使我能在这个领域展开职业生涯。

在南非毕业后，我搬到了美国。这时，我决定改变我的研究方向，不再研究物质，而是开始寻找我们从来没有见过的新事物。

于是，当我在美国的普渡大学（因培养了23名宇航员，包括第一位登月者阿姆斯特朗，以及很多获得诺贝尔奖的科学家而闻名）工作时，我花了很多时间来分析数据。在这里，我们启动了一个小型的实验来观测粒子间的相互作用。

我们必须在探测器中发生的成千上万甚至上百万的相互作用的数据中进行筛选，这令人很沮丧。但是你做的却是一件有趣的事——那就是寻找暗物质。

大萨索山

不过，我工作中最激动人心的部分发生在意大利的格兰萨索国家实验室，它是世界上最大的地下天体粒子物理实验室。

连接着实验设备的长长的地下隧道

在这里的地下深处，是我们最主要的实验——氙气实验（XENON1T）。这是世界上研究暗物质粒子的实验中灵敏度最高的一个。

在氙气实验中将惰性气体氙作为暗物质的检测材料。氙气实验探测器测量到了当粒子与氙气相互作用时产生的微弱闪光和电荷。

本书作者们参观了这个巨大的舱，再过一会儿这个舱就会被3.5吨的超纯液态氙装满。

现在，我们的探测器已经启动并开始运行。我会把我的时间都花在意大利监控探测器的性能上，并确保它能正常运行。

雅克·皮纳尔和本书作者在格兰萨索国家实验室交谈

全球性探索

看看世界各地正在进行的暗物质实验吧！其中有许多实验室是一起协作的,例如，位于意大利的格兰萨索国家实验室需要从500千米外的欧洲核子研究组织的实验室接收中微子光束。

萨德伯里微中子观测站进行的暗物质实验:
DEAP、CLEAN、Picasso、COUPP、DAMIC、 SuperCDMS

美国苏丹实验室进行的暗物质实验:
CDMS、CoGeNT

在美国霍姆斯特克进行的暗物质实验:
LUX、 LZ

在法国摩丹进行的暗物质实验:
EDELWEISS

在美国华盛顿进行的暗物质实验:
ADMX

在西班牙康佛兰克进行的暗物质实验:
ArDM、 ANAIS

在英国伯毕进行的暗物质实验:
DRIFT

意大利格兰萨索国家实验室进行的暗物质实验:
XENON、 CRESST、 DAMA/LIBRA、 DarkSide

欧洲核子研究组织进行的暗物质实验:
超级环面仪器实验（ATLAS）、
紧凑渺子螺线管实验（CMS）

位于纳米比亚的天文望远镜:
高能立体望远镜系统（HESS）

位于拉帕尔玛岛的天文望远镜:
MAGIC

位于新墨西哥的天文望远镜:
甚大阵射电望远镜（VLAraay）

位于地球轨道上的观察站:
国际空间站ISS- AMS-02、Resurs DK1、PAMELA

摩丹
法国
佰毕
英国
欧洲核子研究组织
法国，瑞士
格兰萨索
意大利
襄阳
韩国
神岗
日本
锦屏
中国
国际空间站
国际空间站
费米伽马射线
太空望远镜
纳米比亚
南极
在韩国襄阳进行的暗物质实验：
KIMS
在中国锦屏进行的暗物质实验：
熊猫计划（PandaX）、
中国暗物质实验（CDEX）
在日本神岗进行的暗物质实验：
XMASS、Newag
在南极进行的暗物质实验：
DM Ice、IceCube

接下来研究什么？

尽管科学家们研究粒子的理论已有2000多年的时间，但量子物理学和粒子物理学都是崭新的科学。这可能是从阿尔伯特·爱因斯坦开始的。阿尔伯特·爱因斯坦是一位理论物理学家。他提出了著名的相对论，或者说是“时空”的结构，即运动定律对所有的观察者来说都是一样的。他还提出了关于辐射的观点，并提出光是由光子构成的。

玛丽·戈佩特·迈耶

迈耶夫人是另一位理论物理学家。她提出，元素总是有一定数量的质子，在原子的原子核中有带正电荷的粒子。她还证明了电子在绕着原子核旋转的同时也绕着一个轴旋转，就像地球绕着太阳旋转时也绕着自己的轴自转一样。

自爱因斯坦和迈耶夫人以来，理论物理学有了相当快的进展。

那么，接下来科学家会研究什么呢？

从发现基本粒子到形成标准模型，我们对粒子物理的认知有了很大的飞跃。但这并不意味着结束。世界各地研究中心的科学家们正在使用粒子加速器来探索更多关于暗物质和暗能量的问题。

两个谜题

重力是不符合标准模型的。这是科学家们试图解决的谜题。另一个谜题是反物质。宇宙大爆炸应该产生等量的物质和反物质，那么为什么宇宙中有比反物质更多的物质呢？

回溯史前时光

要想看到早期宇宙中最初的恒星和星系，我们必须在时间上回溯，并深入研究宇宙。探索宇宙是新技术望远镜的工作。我们这个时代正在掀起天文学史上最大的望远镜安置热潮。

在智利、夏威夷，还有太空中，天文学家们安置了探测能力超群的望远镜，使目前最先进的仪器相形见绌。新的詹姆斯·韦伯太空望远镜要比哈勃望远镜强上10倍，很快它将被发射到太空深处，并发现其中的奥秘。与此同时，钱德拉X射线天文台将继续研究普通光学望远镜无法观测到的X射线图像。

詹姆斯·韦伯太空望远镜的主要任务是研究宇宙中星系、恒星和行星的形成

为了研究最早期恒星的形成，我们必须观测红外线，而且要用最先进的仪器来观测它

接下来还有一个任务是在宇宙中寻找外星生命。科学家不否认生命在宇宙中的其他地方存在的可能性。但是众多恒星和星系之间的巨大距离会阻碍我们的探索吗？作为“突破倾听计划”的一部分，澳大利亚的帕克斯射电望远镜正在寻找智慧生命存在的迹象。

让我们静候佳音。

词汇表

仙女座星系

仙女座星系是我们所在的银河系最近的邻居之一。

反重力

暗能量的另一个名称，这种物质占宇宙的近70%。

反物质

反物质是由反粒子组成的物质，其质量与普通物质的粒子相同，但电荷相反。

天文学家

即研究太空的科学家。

原子

原子是最小的微粒，它们结合在一起构成了现存的所有化学元素。

宇宙大爆炸

描述宇宙起源、物质快速膨胀的术语。

黑洞

一个有巨大地心引力的区域，形成于巨大的恒星在生命的尽头坍缩时。

欧洲核子研究组织（CERN）

位于瑞士和法国边界的实验室，在这里工作的物理学家和工程师们致力于寻找宇宙的基本结构。

暗能量

一种未知的能量形式，被认为引起了宇宙的膨胀。

暗物质

一种未知的物质，占宇宙质量的27%左右。

埃德温・哈勃

一位在天体物理学领域有突破性发现的美国天文学家。

电子

在所有原子中都有的带负电荷的亚原子粒子。

实验物理学家

在物理领域通过观察和实验进行工作的专家。

星系

星系是由于引力作用结合在一起的，由一系列恒星、气体、尘埃和暗物质所构成的系统。

格兰萨索国家实验室

位于意大利中部山区的实验室，这里正在展开对暗物质的探索。

重力

吸引所有物体朝向地心的一种力。

氦

一种较轻的气体。

希格斯场

被认为是宇宙中无处不在的能量场，所有粒子在这里相遇并相互作用。

哈勃太空望远镜

一架大约在30年前发射到近地轨道的太空望远镜，它能从太空发回数据。

氢

所有元素中质量最轻的一个。

国际空间站（ISS）

环绕地球以低轨道运行的太空站，科学家能住在那里并进行实验。

轻子

一组基本粒子，物质的基本组成部分。

光年

一种天文学上表示距离的单位，等于光在一年内传播的距离。

本星系群

包括银河系在内的30多个星系组成的集合。

磁场

由电流产生磁力的区域。

质量

衡量施加在物体上的阻力强度的单位。

物质

任何一种由粒子组成的事物都叫做物质。

银河系

我们太阳系所在的星系叫作银河系。

美国国家航空航天局（NASA）

美国成立的探索太空和研究太空物质的组织。

核聚变

两个原子的原子核之间的反应，会形成一个较重的原子核并释放能量。

轨道

行星和卫星在太空中运行时遵循的曲形路径。

粒子加速器

一种利用电磁场以接近光速发出带电粒子束的机器。

粒子探测器

一种用于检测、跟踪和识别粒子的装置。

粒子

物质内很微小的部分。

彼得・希格斯

一名英国理论物理学家，他因研究亚原子粒子的质量的问题而获得诺贝尔奖。

质子

带正电荷的亚原子粒子。

夸克

基本粒子和物质的基本部分。

奇点

在宇宙大爆炸开始前宇宙可能的状态。

光速

光传播的速度，或者准确地说是每秒299792458米。

螺旋星系

恒星和气体云形成的有一个或多个旋臂的星系。

标准模型

所有已知亚原子粒子的分类表。

恒星

一个由自身的引力作用聚在一起的、会发光的等离子球体。

亚原子

比原子小的粒子称为亚原子粒子。

望远镜

一种使物体在人眼中看起来更大的光学仪器。

威尔金森微波各向异性探测器

一艘宇宙飞船，它在2001年到2010年间测量了宇宙大爆炸时留下的辐射热。

索引

图片出处说明

封面　思想图片库，赫墨拉

第2页　美国国家航空航天局，加利福尼亚理工学院——喷气推进实验室

第4页　美国国家航空航天局，威尔金森微波各向异性探测器科学团队121238号；美国国家航空航天局

第7页　美国国家航空航天局

第9页　美国国家航空航天局，加利福尼亚理工学院——喷气推进实验室，仙女座星系

第11页　美国国家航空航天局，太阳动力学天文台；矢量图片素材库，巴塞罗那工作室

第12～13页　美国国家航空航天局，由宽视场红外测量探测器拍摄于2011年

第14～15页　矢量图片素材库，凯文·基；美国国家航空航天局；欧洲航天局；哈勃遗产项目团队（太空望远镜科学研究所/AURA），欧洲航天局；哈勃遗产项目团队（太空望远镜科学研究所/AURA），美国国家航空航天局；欧洲航天局

鸣谢：T. 多和A. 盖孜（加利福尼亚大学洛杉矶分校）以及 V. 巴贾杰（太空望远镜科学研究所）

第16页　美国国家航空航天局，钱德拉教育中心

第17页　美国国家航空航天局；美国国家航空航天局，阿兰·里亚泽罗；美国国家航空航天局

第18页　卡尔·G.央斯基

第19页　美国国家航空航天局、钱德拉X射线研究中心、詹姆斯·韦伯太空望远镜；美国国家航空航天局；矢量图片素材库，狄赞娜

第20～21页　美国国家航空航天局，威尔金森微波各向异性探测器科学团队

第22～23页　谢承新

第23页　美国国家航空航天局

第25页　美国国家航空航天局

第33～35页　欧洲核子研究组织

第36页　新饼图库

第37页　美国国家航空航天局；美国国家航空航天局

第39页　菲莉西亚·劳；格兰萨索国家实验室；黛博拉·贝尔

第42页　维基百科；维基百科

第43页　美国国家航空航天局、马歇尔太空飞行中心，大卫·希金博特姆；欧洲南方天文台，L.柯卡达

向以下顾问致谢：

雅克·皮纳尔（美国普渡大学实验物理学家），他是我们在意大利的核物理国家研究所——格兰萨索国家实验室的向导和老师。

维罗妮卡·鲁贝蒂，科技作家和传播员。